COMPTE RENDU

D'UNE

EXPÉRIENCE TENTÉE

ET DES SUCCÈS OBTENUS

CONTRE

LA MORVE ET LE FARCIN.

COMPTE RENDU

A LA

SOCIÉTÉ D'AGRICULTURE DU DÉPARTEMENT DE LA SEINE

D'UNE EXPÉRIENCE TENTÉE

ET DES SUCCÈS OBTENUS

CONTRE

LA MORVE ET LE FARCIN,

Qui infectoient depuis dix-huit mois les Chevaux du 23e. Régiment de Dragons;

PAR M. COLLAINE,

Professeur à l'École royale vétérinaire de Milan.

SUIVI DU RAPPORT

DE MM. DESPLAS, HUZARD ET TESSIER,

Imprimés par Arrêté de la Société.

PARIS,

DE L'IMPRIMERIE DE MADAME HUZARD,

RUE DE L'ÉPERON, Nº. 7.

1810.

COMPTE RENDU

D'UNE EXPÉRIENCE TENTÉE

ET DES SUCCÈS OBTENUS

CONTRE

LA MORVE ET LE FARCIN,

Qui infectoient depuis dix-huit mois les Chevaux
du 23e. Régiment de Dragons..

J'en appelle à l'Expérience.

Le 23e. régiment de dragons venant des états
de Naples arriva à Codogno, dans le royaume
d'Italie, au commencement du mois de mars
1809 ; les chevaux de ce corps étoient depuis
long-temps infectés par la morve et par le farcin ;
je fus appelé par le colonel pour les visiter, et
statuer définitivement sur les mesures à prendre
pour délivrer le régiment de ce fléau.

I.

*Relation de ce qui s'étoit passé avant l'arrivée
du régiment dans le royaume d'Italie.*

Le 23e. de dragons avoit été divisé par petits
détachemens sur la route de Naples à Rome ,
et y avoit fait un service très-fatigant. Il ne s'é-

toit jamais éloigné de la mer de plus d'un my-
riamètre et demi à deux myriamètres (trois à
quatre lieues) ; je ne fais mention de cette dernière circonstance que parce que j'ai remarqué
qu'en Italie plusieurs corps de cavalerie, après
avoir cantonné pendant quelques mois dans le
voisinage de la mer, ont été ensuite fortement
infectés par le farcin.

Durant les dix-huit mois pendant lesquels le
corps conserva cette position, le farcin se déclara sur un grand nombre de chevaux ; dès
l'apparition de la maladie on prit les précautions convenables pour prévenir les effets de
la contagion ; mais malgré ces mesures elle
continua à se propager.

Le vétérinaire du régiment eut dans le commencement le bonheur de guérir une grande
quantité de ces chevaux farcineux ; mais, par
suite de la longue durée du traitement et par
l'arrivée journalière de nouveaux malades,
ceux affectés au point le plus grave encombrè-
rent l'infirmerie.

En même temps plusieurs chevaux devinrent
douteux (morveux), et par la raison indiquée
précédemment (la longueur et l'insuffisance du
traitement) on finit par en réunir une multitude
à l'infirmerie ; dans ce nombre beaucoup furent

abattus, et la quantité des *jeteurs* devint d'autant plus considérable que, de temps en temps,
quelques farcineux devenoient douteux.

Sur la fin de l'an 1808, le régiment ayant
été concentré dans Rome, le colonel le fit
visiter par le vétérinaire le plus célèbre de cette
capitale, celui attaché à la cour du Pape ; cet
hippiatre ordonna un traitement qui, à ce que
m'a assuré M. le colonel, ne produisit presque
aucun changement avantageux.

Le régiment, après six mois de séjour à
Rome, devant partir pour se rapprocher de
Milan, le colonel étoit disposé à faire abattre
les chevaux douteux, pour éviter la propaga-
tion de la maladie pendant la route : mais
ayant appris que j'étois à Milan, et M. le général *Berthier* ayant bien voulu lui parler
avantageusement sur mon compte, il résolut
de les faire suivre, afin de voir si je pourrois
en tenter la guérison.

Le régiment étant arrivé à Codogno, je fus
demandé, et j'en fis la visite les 16 et 17 mars.

I I.

État des Chevaux de ce corps à leur arrivée.

Les animaux sains avoient été scrupuleuse-
ment séparés des malades ; l'infirmerie, pour

plus grande sûreté, avoit été isolée du cantonnement du régiment par un intervalle de deux milles d'Italie ; toute communication entre elle et les compagnies avoit été interrompue : en un mot, les précautions prises étoient conformes aux règlemens, sur la rigueur desquels on avoit même renchéri. Les chevaux sains étoient gras et pleins de santé, quoique arrivant d'une distance de près de cent myriamètres (deux cents lieues) : pendant le voyage la morve n'avoit fait aucun progrès.

Mais dans l'infirmerie étoient renfermés soixante-seize chevaux, les uns douteux, les autres farcineux, et tous infectés de la manière la plus grave : ils avoient été classés méthodiquement ; on avoit désigné des écuries pour chacune des classes, et on avoit mis à l'écart les individus qui étoient à-la-fois douteux et farcineux.

Parmi ces animaux, neuf, dont huit jeteurs et un farcineux, étoient en si mauvais état et si avancés en âge que sur-le-champ j'en décidai l'abattage. L'ouverture des premiers, indépendamment de plusieurs dépôts dans les sinus, de la carie des parois du nez, et de celle des cornets, fit reconnoître diverses lésions des systèmes lymphatique et muqueux ; lésions qui, comme on sait , caractérisent l'état le plus avancé de la morve : le cheval farcineux, indé-pendamment de cordes sur plusieurs parties du corps, avoit une extrémité antérieure énormé-ment tuméfiée et entièrement couverte par le farcin au point que les boutons étoient confluens.

Six autres chevaux douteux, également vieux, n'étoient pas en aussi mauvais état que les pré-cédens. Néanmoins les glandes sous la ganache étoient adhérentes et douloureuses ; il existoit des chancres sur la membrane pituitaire, et le flux par les naseaux étoit sanieux, grumeleux et noirâtre : il fut décidé qu'on tenteroit une quin-zaine de jours de traitement ; mais le régiment ayant été obligé de partir plus tôt qu'on ne pen-soit, on ne put commencer le traitement selon le plan que je donnai que plus d'un mois après ma visite , ce qui fut cause que quatre de ces six chevaux allant fort mal et dépérissant à vue d'œil , on les fit abattre.

Il restoit vingt-huit chevaux douteux à l'in-firmerie ; tous offroient les symptômes suivans : 1º. ils avoient un amas de chassie verdâtre au grand angle de l'œil, du côté de l'écoulement ; 2º. les glandes lymphatiques maxillaires étoient engorgées, circonscrites, adhérentes et plus ou moins douloureuses ; 3º. la membrane nasale étoit tuméfiée et enflammée ; 4°. le flux étoit en médiocre quantité et n'avoit presque généralement lieu que par un seul naseau ; 5°. tous les chevaux étoient en bon état et même gras ; 6°. leur poil étoit lustré, et ils ne paroissoient point malades, quoique ayant été soumis depuis quatre, six et même dix-huit mois, à diverses méthodes curatives.

Dans près de la moitié de ces chevaux, 1°. on observoit un flux jaune verdâtre, ou jaune foncé presque noirâtre ; 2°. l'orifice des naseaux étoit retroussé et presque obstrué par l'agglutination des couches de matière qui s'y desséchoient ; dans deux ou trois cet orifice étoit excorié.

Dans une autre moitié, 1°. l'écoulement par les naseaux, dont la quantité varioit considérablement, étoit grumeleux, fétide, sanieux et noirâtre ; 2°. la membrane nasale étoit fortement ulcérée.

Enfin, dans quelques-uns, l'hémorrhagie nasale compliquoit les symptômes que je viens d'exposer.

Sur vingt-six chevaux farcineux, deux avoient l'extrémité postérieure affectée et considérablement tuméfiée ; dans un troisième, la maladie parvenue au même degré étoit placée au membre antérieur ; dans le quatrième, le farcin occupoit l'extrémité postérieure depuis le sabot jusqu'aux parties génitales , mais il n'y avoit pas d'engorgement ; le membre antérieur du cinquième étoit dans le même état ; les sixième et septième avoient le poitrail couvert de far- cin ; dans les huitième et neuvième , le trajet de la veine thorachique et de toutes ses ramifica- tions étoit hérissé de pustules farcineuses , et on voyoit encore des boutons sur plusieurs autres parties du corps ; dans les dixième , onzième, douzième et treizième , le trajet de la jugulaire étoit le siège de la maladie , que compliquoit l'engorgement des glandes axillaires et sous- linguales ; dans les autres chevaux , on n'ob- servoit que quelques cordes ou un petit nombre de boutons sur des parties peu essentielles.

Sept autres chevaux étoient devenus douteux après avoir été pendant très-long-temps traités du farcin , qui affectoit principalement la veine maxillaire externe , les glandes lymphatiques maxillaires et la membrane nasale.

Par le détail dans lequel je viens d'entrer on voit qu'il seroit difficile de trouver réuni un plus grand nombre de chevaux affectés à un point aussi grave ; en effet , par l'énoncé des symptômes qui existoient dans les chevaux je- teurs , il est évident qu'ils étoient réellement morveux : il y avoit sans doute beaucoup de hardiesse (pour ne pas dire plus) à en entreprendre la guérison, regardée jusqu'alors comme impossible ; et ma témérité deviendra encore plus évidente, si j'ajoute que le tact et la percussion des parois des sinus me faisoient soupçonner qu'il existoit des dépôts dans leurs cavités dans plus des deux tiers des chevaux, que je n'appelai douteux que pour concilier mon entreprise avec les prescriptions des règlemens, et pour ne pas épouvanter le colonel et les habitans des villes où fut successivement placée l'infirmerie (1).

Mû par la confiance qu'on m'avoit témoignée en m'amenant ces animaux d'aussi loin, et plus encore par le désir de me rendre utile à l'État, en cherchant les moyens de reculer les limites de l'art vétérinaire par l'emploi d'un traitement efficace contre cette formidable maladie, jusqu'ici l'opprobre de l'art ; encouragé par l'espoir qu'avoient fait naître en moi plusieurs observations recueillies sur la morve dans le septième bataillon du train d'artillerie et ailleurs, et notamment par mes succès contre

______

(1) D'abord à San Fiorenzo entre Codogno et Crémone, puis à Lodi à trois myriamètres et demi (sept lieues) de Milan.

la morve aiguë ; rassuré sur l'issue de ma tentative par diverses précautions que je crus devoir prendre alors pour couvrir ma réputation en cas de non-succès ; soutenu enfin par les conseils d'un illustre médecin de cette ville (1), je me déterminai, d'après toutes ces considérations, à attaquer la morve en grand, et à tenter de foudroyer cet écueil de la science.

I I I.

Traitement des Chevaux farcineux.

Le traitement qui avoit été suivi jusqu'au 20 avril, époque à laquelle on commença à suivre mes prescriptions, étoit celui indiqué par le vétérinaire du Pape : il consistoit à cautériser le farcin, à l'environner de raies pour l'empêcher de s'étendre, à faire barbotter les chevaux, à les purger de temps en temps avec les résineux, à leur administrer chaque jour douze à seize grammes (trois à quatre gros)

____

(1) M. le docteur *Rasori*, qui a traduit la *Zoonomie* de *Darwin* et arrêté l'épidémie de Gênes ; qui a fait les observations les plus neuves et les plus singulières sur les effets des médicamens administrés à des doses considérables, et avec des précautions et des accessoires jusqu'ici inconnus dans la médecine humaine et dans la médecine vétérinaire.

d'oxide d'antimoine demi-vitreux (foie d'anti-moine) ; enfin à appliquer les vésicatoires aux parties latérales de la poitrine.

Je fis supprimer l'eau blanche et les vésica-toires : on diminua la quantité du foin et on augmenta celle de la paille ; on mêla du mu-riate de soude (sel de cuisine) aux alimens ; je fis extirper le farcin et ensuite cautériser la sur-face des plaies qui résultoient de cette opéra-tion ; j'ordonnai de pratiquer de petites sai-gnées d'un kilogramme (deux livres) de sang au plus aussitôt après l'opération, et de réi-térer ces évacuations deux, trois ou quatre fois, et même plus, laissant entre chaque sai-gnée deux jours d'intervalle ; j'indiquai l'ad-ministration de l'oxide d'antimoine hydro-sul-furé (kermès minéral) jusqu'à la dose de six décagrammes (deux onces) par jour, en com-mençant par de petites doses : je réservai ce médicament, vu son prix élevé, aux chevaux dans lesquels le farcin étoit compliqué d'engor-gement des extrémités : quant à ceux affectés moins grièvement, je me bornai à leur faire donner quinze à dix-huit décagrammes (cinq à six onces) de soufre sublimé (fleur de soufre) par jour, en commençant cependant par de petites doses, pour les familiariser avec cette substance.

I V.

Résultat.

Je dus, après deux mois de traitement, faire abattre les deux chevaux qui avoient le farcin sur la veine thorachique, la maladie ayant empiré au point que toutes les pustules étoient réunies et qu'il en résultoit un ulcère chancreux à-peu-près rond, d'environ trente-huit centimètres (quatorze pouces) de diamètre, lequel s'étendoit à vue d'œil et avoit mis les côtes à découvert; d'ailleurs les chevaux avoient considérablement dépéri : avant de les tuer, je fis une dernière tentative avec la noix vomique (*strichnos*) que je portai à six décagrammes (deux onces) par jour pour chacun, après avoir commencé par deux grammes (un demi-gros) matin et soir : l'ulcère cessa de faire des progrès, et les chairs devinrent vermeilles ; mais, au bout de huit à dix jours, l'un des deux chevaux fut attaqué d'un spasme presque général, ce qui me détermina à mettre fin à mon expérience et aux tourmens de ces animaux.

Je ne dois cependant pas oublier de dire que, sur les deux animaux malades dont je viens de parler, j'avois, avant d'en venir à la noix vomique, tenté l'extrait d'aconit (*napellus*, L.) qui, à la dose d'un demi-hectogramme (une once et demie) chaque jour , les fatigua considérable-ment sans résultat local avantageux , quoique avec ce médicament j'eusse dans un cheval ap-partenant à un autre régiment fait disparoître , en moins de dix jours , une grande quantité de tumeurs farcineuses qui affectoient une extré-mité postérieure avec tuméfaction énorme et rénitente : à la vérité ce dernier animal conserva une difficulté de respirer , qui ne cessa que lorsque le membre se gonfla de nouveau et que le farcin reparut , ce qui survint dix à douze jours après.

Un troisième cheval , du nombre de ceux qui avoient le moins de farcin , eut , par l'effet de quelques boutons , la sclérotique percée , les cartilages de la conque et le bord du trou auditif cariés ; je me décidai également à le faire tuer , car d'ailleurs il étoit en très-mau-vais état et soupçonné phthisique , ce que l'ou-verture cadavérique confirma.

Les vingt-trois autres chevaux furent com-plètement guéris en quarante-cinq jours à-peu-près : depuis cette époque plusieurs chevaux farcineux nous furent envoyés de l'armée et guérirent avec une égale promptitude par les mêmes moyens.

V.

Traitement des Chevaux morveux.

Relativement aux écuries, je fis trois classes de ces chevaux : 1°. les douteux et farcineux ; 2°. les douteux non chancrés ; 3°. les douteux chancrés. Le traitement fut le même pour tous.

Ces animaux avoient jusqu'alors été traités par l'oxide d'antimoine demi-vitreux (le foie d'antimoine) administré à la dose ci-dessus indiquée, ou par l'oxide de mercure sulfuré noir (l'é-thiops minéral) donné à quinze grammes (demi-once) par jour ; on leur avoit d'ailleurs placé des sétons aux parties latérales de la poitrine ; ils avoient été continuellement tenus à l'eau blanche ; et, pendant un certain temps, des fumigations et des injections, tantôt émollientes et tantôt acides, leur avoient été faites dans les naseaux ; mais, depuis plusieurs mois, cette dernière partie du traitement étoit négligée.

Je fis ôter les vésicatoires, et m'en tins, quant au régime, à ce que j'avois indiqué pour les farcineux ; je fis pratiquer de petites saignées dans le même ordre, et on les réitéra jusqu'à affoiblissement notable ; je remplaçai les médi-camens administrés auparavant, par le soufre sublimé (fleur de soufre) donné en opiat avec le miel; j'en portai la dose jusqu'à un kilogramme (deux livres) par jour, en commençant par douze décagrammes (quatre onces), et en augmentant graduellement jusqu'à la quantité que l'animal pouvoit supporter, avec l'attention de suspendre toute administration de médicament dès qu'il paroissoit incommodé.

Le dégoût a été le seul changement visible qu'ait produit le soufre sublimé (fleur de soufre), tant que la dose n'en a été que de douze décagrammes (quatre onces); à dix-huit décagrammes (six onces), tous les chevaux ont été purgés plus ou moins; ils ont eu des coliques très-violentes à la dose de trente à trente-six décagrammes (dix à douze onces): la rareté du soufre sublimé m'ayant forcé momentanément de recourir au soufre brut, les coliques et la purgation ont été déterminées par une dose moindre de dix-huit décagrammes (six onces). Quelques chevaux tombèrent dans un état de prostration de forces tel, qu'ils restèrent trois ou quatre jours à terre sans pouvoir se relever: le calme ayant succédé à ces symptômes effrayans, j'observai la diminution considérable des écoulemens et du volume des glandes lymphatiques sous la ganache: la maladie cessa même subitement dans quelques chevaux, mais elle reparut au bout de quelques jours, et ne céda définitivement qu'après avoir paru et disparu plusieurs autres fois.

L'effet du soufre devenant nul à la dose de trente-six décagrammes (douze onces), on l'administra à cinquante-quatre (dix-huit onces), à soixante (vingt onces), à soixante-douze (vingt-quatre onces); mais il ne produisit ni purgation ni coliques.

Ayant observé, après quelques semaines d'usage de ce médicament à la dose que je viens d'indiquer, que la maladie restoit stationnaire dans certains chevaux, j'en fis suspendre l'administration pendant huit à dix jours, afin de permettre à la sensibilité de se rétablir relativement au soufre : en recommençant le traitement je joignis à cette substance, que je ne donnai d'abord qu'à la dose de dix-huit à vingt-quatre décagrammes (six à huit onces), quinze à dix-huit décagrammes (cinq à six onces) de sulfure d'antimoine (antimoine crud) en poudre très-fine; alors j'obtins de grands effets durant une quinzaine de jours : mais la sensibilité s'éteignant de nouveau, je substituai l'oxide d'antimoine demi-vitreux (le foie d'antimoine) à la dose de dix-huit décagrammes (six onces), uni à trente-six ou quarante-cinq décagrammes (douze ou quinze onces) de soufre : en moins de quinze jours les symptômes les plus rebelles cédèrent dans tous les chevaux en qui il n'y avoit point de lésion locale grave.

V I.

Résultat.

Les effets du traitement furent assez prompts dans les chevaux douteux et farcineux ; on fut obligé d'en abattre deux qui empiroient continuellement, quoique le flux eût presque entièrement cessé : dans les cinq autres le farcin se dessécha d'abord ; la matière des écoulemens devint blanche , moins abondante : enfin la morve farcineuse céda après environ soixante à quatre-vingt-dix jours de traitement : en même temps les glandes se détuméfièrent, s'isolèrent, devinrent insensibles : elles disparurent entièrement dans deux chevaux , tandis que dans trois autres elles sont restées squirrheuses.

Quant aux chevaux affectés d'ulcérations dans le nez , d'engorgement adhérent des glandes lymphatiques sous l'auge , de flux avec ou sans interruption par un ou par les deux naseaux et avec probabilité d'un ou de plusieurs dépôts dans les sinus , voici l'ordre dans lequel la disparition des symptômes de la morve eut lieu :

la membrane nasale devint plus pâle et se détu-
méfia ; le flux devint jaune blanchâtre, il coula
plus uniformément, et on n'y observa plus de
grumeaux ; les hémorrhagies cessèrent ; les ulcérations se cicatrisèrent : je fus cependant
obligé de porter sur quelques chancres plus
opiniâtres le fer rougi ou l'acide sulfurique
(huile de vitriol), après avoir préalablement
fendu le naseau jusqu'à l'articulation du petit
sus-maxillaire avec l'os du nez, afin de pouvoir
découvrir les ulcères plus intérieurs. Je dois ici
faire remarquer que souvent la cautérisation des
chancres inférieurs suffit pour obtenir en même
temps la cicatrisation des ulcères situés dans la
partie supérieure du nez : je ne tenterai point
de rendre raison de ce fait, mais je l'ai constamment observé depuis six ans que je m'oc-
cupe sérieusement de tout ce qui a rapport à la
morve : dès que l'escarre est levée, à l'exception
d'un peu de rougeur, la membrane paroît aussi
nette que si jamais elle n'eût été ulcérée.

Les glandes lymphatiques des malades de la
classe dont je parle cessèrent d'être adhérentes,
devinrent moins douloureuses, puis moins vo-
lumineuses : ce changement dans plusieurs animaux fut précédé par la division des glandes en
plusieurs parties : enfin, dans quelques che-

vaux, des dépôts se formèrent dans la partie supérieure des cavités nasales, dans la cavité sous-linguale, dans l'arrière-bouche, etc. ; ils s'abcédèrent, et il s'en écoula une quantité très-considérable de pus : l'un de ces chevaux fut même suffoqué par l'ouverture imprévue d'un de ces dépôts dont le pus passa dans la trachée-artère.

Enfin, à l'exception de quelques glandes qui sont restées squirrheuses, la maladie céda définitivement à la continuation du traitement ; cette guérison complète eut lieu dans un très-petit nombre de chevaux au bout de deux mois; tandis que, dans la plupart des autres, ce ne fut qu'après cinq mois de soins que je parvins à obtenir une cure radicale, après avoir été plusieurs fois trompé par l'apparence de ce que je désirois.

Mais les chevaux en qui l'écoulement étoit régulier et seulement de couleur jaune verdâtre, dont la membrane nasale n'étoit point ulcérée, dont enfin les glandes étoient peu ou point adhérentes, furent guéris promptement: quelques doses de soufre leur suffirent.

Parmi les chevaux guéris, il en est un qui semble avoir échappé exprès pour attester la puissance des moyens curatifs : toute la membrane d'une des cavités nasales étoit ulcérée : malgré une complication aussi grave, l'écoulement a cessé et les glandes ont disparu ; mais par suite de l'engorgement des parties lésées qui ont contracté adhérence, une cavité nasale est restée presque complètement obstruée.

Au commencement de cet exposé, j'ai dit que, sur six chevaux que j'avois désignés comme ne présentant que peu d'espoir de guérison, quatre avoient été abattus avant le traitement ; le cinquième eut le même sort après trente jours de soins que je présumai devoir devenir inutiles, car le soufre le fatiguoit considérablement, sans produire aucun changement local avantageux ; le sixième, vénérable doyen de l'infirmerie (il y étoit depuis plus de dix-huit mois), fut aussi très-maltraité par le soufre, au point qu'on le crut mourant pendant quatre jours, durant lesquels il resta étendu sur la litière presque sans mouvement ; après cet assaut, le flux diminua considérablement, et peu-à-peu l'animal reprit des forces (on avoit cessé de le saigner), la matière devint blanchâtre et le farcin se déclara au poitrail : cette nouvelle maladie fut traitée et guérie avant la cessation du flux par les naseaux. Ayant bien examiné le chanfrein de ce cheval, je reconnus la plénitude des sinus, et je présumai que le pus amassé dans ces cavités y étoit en trop grande quantité pour pouvoir être résorbé ou évacué : en conséquence, je résolus d'en venir à l'opération du trépan ; j'ouvris le cornet antérieur dans sa partie moyenne ; j'en fis autant au sinus frontal et au sinus maxillaire ; par cette dernière couronne, l'évacuation d'un pus extrêmement visqueux, mais blanc, égal et presque sans odeur, eut lieu pendant près de dix jours : je fis déterger ces cavités avec des injections de décoction de morelle (*solanum nigrum*, L.); la tête se tuméfia énormément pendant quinze jours; les os se boursoufflèrent dans le voisinage des ouvertures : je fis faire des fomentations émollientes sur toutes ces parties ; on continua les injections ; on poussa vigoureusement la maladie par des doses énormes de soufre et d'oxide d'antimoine demi-vitreux (foie d'antimoine); bientôt les symptômes alarmans se dissipèrent, l'appétit revint, les écoulémens diminuèrent, et le flux cessa par le naseau : alors j'ordonnai de faire pénétrer dans les sinus des injections astringentes animées par l'acétite de plomb liquide (l'extrait de Saturne); l'écoulement de matière par les trous du trépan cessa ; les glandes se détuméfièrent complètement, et, après vingt-

deux mois de maladie, l'animal fut mis en quarantaine : le flux n'a point reparu.

J'ai dit dans le cours de ce rapport que les
symptômes avoient définitivement été vaincus
par la méthode curative que j'ai employée, lorsqu'il n'y avoit point eu de lésion locale grave :
je reconnois comme lésion locale grave dans la
morve, seulement la carie considérable des os
qui constituent les parois des cavités nasales,
celle des cornets, celle de l'ethmoïde et celle de
la cloison cartilagineuse ; ces deux dernières
me paroissent les plus dangereuses de toutes. Il
nous reste maintenant à l'infirmerie trois chevaux morveux à ce degré : dans deux je me
borne à des injections faites dans ces cavités,
préalablement ouvertes par le trépan en six
endroits différens ; le troisième, réunissant à
lui seul toutes les altérations dont je viens de
parler, me paroissoit dans le cas d'être abattu ;
cependant, comme la guérison des autres chevaux m'en laisse le loisir, j'ai résolu de conti-
nuer sur ce sujet l'expérience qui a si bien
réussi contre des lésions moins graves : en
conséquence, j'ai emporté la plus grande partie de l'os du nez du côté malade, ainsi qu'une
partie du frontal, du lacrymal, et du grand
maxillaire ; j'ai extirpé le cornet antérieur, et

ouvert dans toute sa longueur le cornet posté-
rieur : l'hémorrhagie très-considérable qui a
été la suite de cette opération m'a forcé d'en
remettre la terminaison à une seconde séance
qui aura lieu d'ici à quelques jours. Mon in-
tention est de réduire à une seule cavité tous
les compartimens du nez de cet animal, et, au
moyen d'injections appropriées et combinées
avec le traitement interne ci-dessus indiqué,
de tenter de chasser l'ennemi de ses derniers
retranchemens ; plusieurs essais que j'ai faits
dans le septième bataillon du train d'artillerie
m'ont appris que cette effrayante opération n'é-
toit point mortelle, et que les os se régénéroient
même assez promptement : il ne me reste donc
plus qu'à savoir si on pourra l'appliquer avec
succès au traitement de la morve parvenue au
degré où elle se rencontre dans cet animal : mais
quand même cette tentative deviendroit infruc-
tueuse, la morve n'en rentreroit pas moins dans
la cathégorie de toutes les autres maladies, qui
ne sont curables qu'autant qu'elles n'ont point
causé de dérangemens considérables dans des
parties essentielles.

La plupart des vétérinaires douteront de la
vérité de ce rapport ; et cela est assez naturel :
mais j'en appelle à l'expérience qui est facile

à faire. Les trois vétérinaires des 7e., 24e. et 30e. régimens, qui étoient présens, et l'aide du 23e. qui a appliqué le traitement, non seulement en sont stupéfaits, mais ils ne peuvent concevoir les combinaisons des médicamens qu'ils appellent stimulans avec la saignée. M. *Tabarre*, élève de l'École impériale vétérinaire de Lyon, vétérinaire du Royal - Régiment d'artillerie, italien, a répété l'expérience à Pavie, et en a obtenu un succès décisif. (Voyez son rapport ci-après.)

Voici quelques observations qui diminueront un peu le merveilleux ou l'absurde apparent de mes combinaisons.

Le soufre est depuis long-temps reconnu pour avoir des effets marqués dans les maladies de la peau et dans celles des membranes muqueuses, principalement de celles des organes de la respiration : depuis long-temps il étoit prescrit contre les écoulemens chroniques du nez, mais à trop petites doses; aussi ne réussissoit-il que dans les maladies légères. Les préparations antimoniales étoient également reconnues comme très-puissantes dans les affections des systèmes muqueux et lymphatique, et nos plus anciens traités de maréchallerie ordonnent les combinaisons de ces préparations avec le soufre dans

le cas d'écoulemens chroniques du nez, etc. ;
mais ils en prescrivent comme pour le soufre
des doses insuffisantes : d'ailleurs, on étoit dans
une grande erreur qui consistoit à croire que
le soufre et les préparations antimoniales agis-
soient en stimulant : le contraire résulte des
observations du docteur *Rasori*, médecin des
hôpitaux civils et militaires de cette ville, et
premier consultant attaché au Ministère de
l'Intérieur ; observations qui s'accordent avec
celles de *Borda*, professeur à Pavie, et qui
sont confirmées par des expériences que j'ai
faites sur les médicamens dans les animaux do-
mestiques : leurs effets contre-stimulans de-
viennent extrêmement évidens, et ils agissent
d'une manière surprenante dans une multitude
de maladies de tout temps reconnues pour être
accompagnées d'excès de stimulus. C'est après
avoir moi-même observé le traitement de plusieurs maladies de l'homme d'après cette méthode, que j'achevai de me déterminer à tenter
la scabreuse expérience, du résultat de laquelle
je viens de rendre compte : il paroît en résulter
que la morve est presque toujours accompagnée
de diathèse avec excès de stimulus (je dis *presque*, parce que le cas contraire peut exister), et
elle confirme l'identité de la morve et du farcin.

Il m'a paru convenable de soumettre à une quarantaine tous les chevaux qui ont été guéris, tant pour être à même de parer aux rechutes, que pour me conformer à l'opinion qui règne relativement à la contagion de la morve, opinion que je suis, du reste, très-éloigné de partager sans restriction.

Nous avons reçu des nouvelles des sept premiers chevaux guéris et qui ont été renvoyés à l'armée en juin : aucun symptôme n'a reparu, malgré l'exercice très-fatigant auquel ils sont assujettis.

Je joins à cet exposé un aperçu de la dépense faite et des quantités de médicamens consommées; le rapport que le Conseil d'administration du dépôt du 25e. régiment a fait le 14 juillet 1809 au Ministre Directeur de l'administration de la Guerre, pour solliciter de Son Excellence les secours nécessaires pour subvenir aux frais de traitement des chevaux; et celui que M. *Tabarre* m'a adressé de Pavie.

Signé COLLAINE.

APERÇU DE LA DÉPENSE.

Elle se monte à environ 1,200 francs, tout compris.

On a consommé à-peu-près,

De soufre brut ou de soufre sublimé (fleur de soufre), il est à bas prix. . . .   1,100 livres

De sulfure d'antimoine (antimoine crud), au moins.   100

D'oxide d'antimoine demi-vitreux (foie d'antimoine), environ. . .   150

D'oxide d'antimoine hydro-sulfuré (kermès minéral), que je préparai moi-même pour épargner une dépense considérable, environ.   15

Beaucoup de miel.

COPIE

Du Rapport du Conseil d'Administration du Dépôt du 23ᵉ. Régiment de Dragons à S. E. LE MINISTRE DIRECTEUR de l'Administration de la Guerre.

Lodi, le 14 juillet 1810.

(*N. B.* Je passe le préambule très-long, qui est relatif aux dépenses que le corps préter.doit alors être excessives et qu'il craignoit que le Ministre n'approuvât pas.)

Dès le 9 mars dernier, le 23ᵉ. régiment de dragons arriva des frontières du royaume de Naples et des États romains, où il venoit de faire un service très-actif. Ce régiment avoit à sa suite une infirmerie de soixante-quinze chevaux environ, tous jetans ou farcineux. Les chevaux attaqués du farcin l'étoient de la manière la plus grave. Beaucoup parmi eux avoient les extrémités affectées, et cela avec complication d'engorgement considérable. Tous les autres avoient des cordes très-étendues sur une ou plusieurs des principales veines du corps. Ils avoient déjà été soignés pen-

dant long-temps par le vétérinaire du régiment ;
et même M. le colonel *Briant,* étant à Rome, et
voyant que la durée du traitement étoit considérable, fit appeler un vétérinaire célèbre attaché
au Pape, qui ordonna un traitement dont le résultat accéléra peu les progrès de la guérison.

Mais le farcin étoit le moindre mal dont les chevaux du régiment fussent infectés ; plus de quarante-
cinq chevaux étoient suspects de morve, *pour ne
pas dire plus.* Dans ce nombre plusieurs étoient
affectés d'écoulemens du nez consécutifs à la maladie du farcin ; la majeure partie de ces écoulemens,
qui étoient jaunes, verdâtres ou noirâtres, et dans
quelques-uns compliqués d'hémorrhagies du nez et
d'ulcérations considérables de la membrane pituitaire, laquelle, dans presque tous les chevaux, étoit
en fort mauvais état ; la majeure partie de ces écoulemens, disons-nous, duroit depuis trois, quatre,
six mois avant le départ du régiment des États romains. Quelques-uns avoient même éprouvé, pendant dix-huit mois et sans succès, tous les moyens
suggérés par l'art et dirigés par des vétérinaires
habiles, tels qu'étoient MM. le vétérinaire du corps
et le vétérinaire du Pape. Tous les chevaux étoient
fortement glandés, et quelques-uns l'étoient même
des deux côtés ; d'autres avoient des glandes douloureuses et adhérentes à l'os maxillaire.

L'aspect de cette infirmerie désespéroit M. le colonel du régiment. Il apprit par M. l'adjudant-commandant *Berthier*, avant son départ de Rome, que l'on venoit de fonder une École vétérinaire à Milan, et qu'au nombre des professeurs qu'on y avoit attachés se trouvoit M. *Collaine*, vétérinaire, qui avoit joui de quelque réputation, étant dans les armées françoises : il résolut en conséquence de conserver ses chevaux douteux jusqu'à l'époque où il auroit pu les faire visiter par ce vétérinaire, et ce fut là le seul motif qui en fit différer l'abattage.

Le régiment étant à Codogno, le 16 mars on fit venir le professeur *Collaine*, qui visita exactement non seulement les chevaux de l'infirmerie, mais encore désira voir l'état général des chevaux du régiment présens aux compagnies : il trouva ceux-ci dans un état brillant d'embonpoint et de santé, quoiqu'ils arrivassent d'une longue route. Il en admira la tenue, et il observa sur-tout avec plaisir qu'on avoit très-exactement séparé et isolé l'infirmerie, et qu'il étoit impossible qu'avec les précautions prises la contagion propageât la maladie. Il examina ensuite l'infirmerie, qui avoit été isolée pour plus grande sûreté dans un village à deux milles de Codogno : il fut satisfait de la classification faite par le vétérinaire du corps, non seulement des genres de maladies , mais encore des divers degrés où chacune d'elles étoit parvenue. Il y vit enfin que le traitement qui avoit été suivi , et qui étoit le résultat de consultations entre M. *Cluzan*, vétérinaire du corps et celui du Pape , étoit conforme aux principes reçus jusqu'alors. Mais il crut devoir faire observer à M. le colonel *Briant* que l'expérience , qui démontroit chaque jour combien ce traitement étoit long et insuffisant , lui avoit fait connoître qu'on pouvoit , quant au farcin , parvenir beaucoup plus rapidement et plus sûrement au but , qui étoit la guérison , en employant des moyens plus actifs, dont sa pratique personnelle lui avoit prouvé l'efficacité ; que , quant à ce qui concernoit les chevaux douteux, jusqu'alors les vétérinaires avoient le plus ordinairement vu leurs efforts inutiles , surtout lorsque la maladie étoit parvenue au point où elle étoit sur les chevaux présens à l'infirmerie ; que si M. le colonel le trouvoit à propos , il tenteroit sur ces chevaux des moyens qu'il savoit être plus puissans que ceux constamment employés jusqu'alors : mais que ces moyens deviendroient coûteux , non par la nature des médicamens , mais par les doses auxquelles il faudroit les administrer pour en obtenir de l'effet ; que c'étoit une raison pour les réserver aux chevaux qui présentoient le plus d'espoir de guérison, tandis qu'il ne falloit pas hésiter à sacrifier sur-le-champ tout ce qui étoit en mauvais état.

En conséquence neuf chevaux, dont huit étoient morveux et un farcineux, et qui étoient tous vieux, usés, et en mauvais état, furent abattus.

M. *Collaine* en désigna encore six autres comme ne lui paroissant pas dans le cas de soutenir avec avantage le traitement indiqué. On convint d'attendre quelques jours encore ; mais, au bout de quinze jours, on en tua quatre parmi les six désignés. L'ouverture des cadavres de ces chevaux ne laissa aucun doute sur l'existence de la morve, même dans une période très-avancée.

Le traitement des farcineux fut mis de suite en activité. Le corps ayant été obligé d'abord de changer de position, et ensuite de faire ses préparatifs pour entrer en campagne, on ne put commencer à traiter les douteux que le 20 avril, époque à laquelle la maladie avoit encore fait des progrès. Peu de jours après le commencement du traitement, on s'aperçut de changemens favorables. Dès le milieu de mai, sept chevaux douteux étoient complètement guéris ; tous les farcineux étoient très-avancés. Sur la fin de mai, tous les chevaux farcineux étoient guéris, à l'exception de deux que l'on fut obligé d'abattre ; car ils étoient tombés dans le marasme, et ils étoient couverts de farcin (1).

Dans le courant de mai, on donna le vert aux chevaux douteux guéris et convalescens, et aux chevaux farcineux guéris ou non guéris; on s'aperçut bientôt que cela retardoit l'effet des remèdes, et on les fit rentrer. On redoubla d'activité; et, en moins de quinze jours, on vit un mieux décidé. Huit chevaux douteux furent complètement guéris; dans sept autres, l'écoulement cessa presque entièrement; un mourut tout-à-coup, parce qu'un abcès s'ouvrit dans l'arrière - bouche et l'étouffa; on fut obligé d'en abattre quatre autres dans le mois de juin (2), qui ne présentoient aucun espoir de guérison. Enfin ceux qui sont grièvement attaqués vont cependant très - bien, et au point de faire espérer leur guérison prochaine; et parmi eux on compte un cheval venu récemment de l'armée, et complètement morveux, qui va également bien.

Comme le professeur *Collaine* étoit obligé de rester à Milan pour y faire ses leçons, il ne pouvoit venir que tous les huit jours; le traitement

---

(1) Le rapporteur se trompe; il y a eu alors trois chevaux abattus.

(2) Le rapporteur se trompe encore; il n'y a eu à cette époque que deux chevaux abattus.

fut suivi par M. *Fardet*, aide - vétérinaire du corps, qui donne les preuves de la plus grande activité, et annonce les germes des plus grandes connoissances. M. le major *Dard*, et M. *Pernet*, lieutenant, successivement commandans du dépôt, ont surveillé ce traitement avec une activité peu commune, et le professeur *Collaine* est convenu que, sans cette activité, la puissance de ses moyens médicinaux eût été vaine.

Tel a été jusqu'ici le résultat des soins que l'on a donnés à cette infirmerie, qui aujourd'hui est réduite à un petit nombre de chevaux convales-cens : il est cependant hors de doute que presque tous les chevaux qui la composoient étoient dans un état désespéré.

(Suivent les Signatures des Membres du Conseil.)

COPIE

Du rapport de M. TABARRE, *Vétérinaire du Royal - Régiment d'artillerie à cheval, italien, à* M. COLLAINE, *Professeur à l'École royale vétérinaire de Milan.*

Pavie, le 27 septembre 1809.

CONFORMÉMENT à ce qui avoit été convenu entre nous sur la fin de juillet, mon cher compatriote et confrère, j'ai soumis les deux chevaux douteux de mon infirmerie à votre méthode curative. Voici quel étoit l'état de ces animaux au moment où ils furent soumis au traitement.

L'un est un cheval gras, vif, de bon poil, âgé de huit ans, de la taille d'un mètre cinquante centimètres (quatre pieds sept pouces) environ.

Le second est une jument, âgée d'environ dix ans, maigre, gaie, vive, mais dont le poil étoit hérissé : de la même taille que le précédent.

Tous deux jetoient depuis plus de six mois par un seul naseau un flux jaunâtre, quelquefois sanguinolent, grumeleux et d'une odeur fétide. Quoique l'écoulement fût continuel, sa quantité varioit au point que, certains jours, elle étoit presque nulle,

tandis que dans d'autres elle étoit très-considérable.
La matière adhéroit aux orifices des naseaux, qui
étoient retroussés et même tuméfiés ; les glandes
étoient du volume d'un œuf de pigeon, adhérentes
et douloureuses ; la membrane pituitaire étoit plus
rouge que dans l'état naturel, et sur celle du cheval
on voyoit deux petits ulcères ; le grand angle de
l'œil étoit chassieux : ces deux chevaux étoient aban-
donnés dans l'écurie des douteux, et on attendoit
l'ordre de les faire abattre.

Ils ont pris le soufre pendant quinze jours, en
commençant par vingt-quatre décagrammes (huit
onces) ; le sixième jour la dose a été portée à
quarante- huit décagrammes (seize onces), qu'on
continua pendant neuf jours. Chaque cheval a été
saigné cinq fois à deux jours d'intervalle : chaque
évacuation a été d'un kilogramme (deux livres)
de sang.

Ils ont eu des coliques violentes aux premières
doses, ainsi qu'au redoublement de quarante-huit
décagrammes (seize onces) : ce jour ils restèrent sur
la litière dans un état d'abattement considérable ;
mais dès le lendemain ils commencèrent à man-
ger comme auparavant, et, sur la fin du traitement, ils supportèrent les fortes doses de soufre
sans en être incommodés.

Le flux avoit entièrement et complètement cessé

dès le seizième jour du traitement ; les glandes avoient disparu , et la membrane pituitaire étoit rétablie. Depuis douze jours que ces deux animaux sont guéris , aucun symptôme n'a reparu , quoique je les aie assujettis à un exercice très-violent, durant quatre heures par jour, pour voir si rien ne se manifesteroit.

J'ai l'honneur, etc.

EXTRAIT

Du Registre des Délibérations de la Société d'Agriculture du département de la Seine ; Séance du 7 mars 1810.

Un membre fait, au nom d'une Commission, le rapport suivant :

« M. *Collaine*, professeur à l'École royale vétérinaire de Milan, a adressé à la Société, le 16 octobre 1809, un mémoire sur des succès obtenus par lui contre le farcin et la morve qui infectoient depuis plus de dix-huit mois les chevaux du 23ᵉ. régiment de dragons.

» Ce mémoire est divisé en plusieurs articles.

» Dans le premier, l'auteur rend compte des circonstances dans lesquelles s'étoit trouvé ce régiment pendant les dix-huit mois qui avoient précédé son arrivée dans le royaume d'Italie. Il avoit fait un service très-fatigant sur la route de Naples à Rome, ne s'écartant presque pas de la mer, circonstance que M. *Collaine* regarde comme propre à donner lieu au farcin. Cette maladie se déclara sur un grand nombre de chevaux, et bientôt après plusieurs autres furent attaqués de la morve. L'une et l'autre se propagèrent, malgré les traitemens qu'employèrent le vétérinaire du régiment et un vétérinaire habile attaché à la cour du Pape.

» Au second article, M. *Collaine* expose l'état dans lequel il a trouvé les chevaux placés à Codogno, dans une infirmerie, à deux milles du cantonnement du régiment. Il y en avoit soixante-seize, tous gravement attaqués; neuf d'entre eux, tout-à-la-fois farcineux et morveux, étoient tellement désespérés qu'il crut devoir les faire abattre ; on en fit autant à six autres qui dépérissoient à vue d'œil, après avoir tenté sur eux quelques remèdes : l'ouverture de leur corps ne laissa aucun doute sur la nature de la maladie. Il restoit vingt-six chevaux farcineux , et vingt-huit morveux et farcineux , plus sept qui , après avoir été quelque temps traités du farcin, étoient soupçonnés de morve.

» Animé par différens motifs et soutenu des conseils de M. *Rasori,* médecin célèbre, qui a arrêté l'épidémie de Gênes, traduit la *Zoonomie* de *Darwin,* et fait des observations intéressantes sur les effets des médicamens administrés à des doses considérables, M. *Collaine* a tenté le traitement des animaux farcineux, après avoir pris des précautions convenables en cas de non succès ; ce traitement est rapporté dans les articles III, IV, V et VI.

» Celui qu'on leur avoit fait subir jusqu'alors consistoit dans la cautérisation des boutons farcineux, dans l'application des vésicatoires, dans des prises d'oxide d'antimoine demi-vitreux, à la dose de douze ou quinze grammes par jour, dans des purgations et un régime d'eau blanche, de foin et de paille ; M. *Collaine* fit supprimer les vésicatoires et l'eau blanche, diminua le foin, augmenta la paille, mêla du muriate de soude aux alimens, fit extirper le farcin et cautériser les plaies résultant de cette extirpation; on pratiqua trois ou quatre fois de petites saignées, mettant entre chacune deux jours d'intervalle ; on donna aux animaux de l'oxide d'antimoine hydro-sulfuré jusqu'à six décagrammés par jour, commençant par de foibles doses. Ce remède étant cher, M. *Collaine* le prépara lui-même et se borna à le donner à ceux chez lesquels le farcin étoit compliqué d'engorgement aux extrémités ; quant aux autres, il leur fit prendre quinze à dix-huit décagrammes de soufre sublimé aussi par jour, ayant commencé par une moindre quantité.

» Après deux mois de traitement, il fit abattre deux des chevaux qui avoient sur la veine thorachique un farcin dont les pustules s'étoient réunies et avoient formé un ulcère chancreux ; avant qu'on les tuât, il voulut essayer sur eux pendant quelque temps la noix vomique et l'aconit napel, qu'il porta graduellement, savoir, la première jusqu'à six décagrammes ; et le second jusqu'à un demi-hectogramme par jour ; mais cela fut sans succès.

» Il se décida aussi à faire abattre un cheval qui avoit quelques boutons farcineux sur la sclérotique qu'ils avoient percée, et sur les cartilages de la conque et au bord du trou auditif qu'ils avoient cariés ; il étoit d'ailleurs phthisique. En quarante-cinq jours, les vingt-trois autres furent complètement guéris : les mêmes remèdes employés sur d'autres chevaux envoyés de l'armée ont eu le même avantage.

» On avoit administré jusque-là aux animaux suspectés de morve ou morveux de l'oxide d'antimoine demi-vitreux, à douze ou quinze grammes par jour, ou de l'oxide d'antimoine sulfuré noir, à quinze grammes ; on avoit appliqué des sétons aux parties latérales de la poitrine, fait respirer la vapeur de décoctions émollientes ou acidulées, et mis les chevaux à l'eau blanche ; M. *Collaine* fit les mêmes suppressions et employa la saignée et le soufre comme pour les farcineux, avec cette différence qu'on saigna jusqu'à affoiblissement, que le soufre sublimé fut donné jusqu'à la dose d'un kilogramme par jour, commençant par douze décagrammes ; mais cette dose ayant paru un peu trop forte, M. *Collaine* la réduisit à soixante-douze grammes, soixante grammes et même à moins, lorsqu'il y joignit quinze à dix-huit décagrammes de sulfure d'antimoine en poudre fine, auquel il substitua ensuite dix - huit décagrammes d'oxide d'antimoine demi - vitreux.

» On fut obligé d'abattre deux des animaux suspectés de morve, après avoir été farcineux, qui empiroient continuellement; quoique le flux eût entièrement cessé. Cinq autres, également soupçonnés de morve, ont guéri, ainsi que ceux dans lesquels la morve n'étoit pas douteuse. A l'époque où M. *Collaine* rendoit compte de ses expériences, il n'y avoit plus que trois chevaux morveux à l'infirmerie. M. *Collaine* indique les progrès gradués de la guérison, les circonstances qui l'ont accompagnée, et les moyens chirurgicaux auxiliaires, dont il a quelquefois fait usage. La longueur du traitement a varié, selon l'intensité ou la complication de la maladie. Les uns guérirent en deux mois, même en moins de temps; il en fallut cinq pour d'autres.

» M. *Collaine* reconnoît que le soufre et les préparations d'antimoine ont été conseillés et employés depuis long-temps contre le flux morveux et les affections des systèmes muqueux et lymphatique, mais ce n'étoit qu'à de petites doses; jamais on n'avoit tenté, du moins sur un aussi grand nombre d'animaux, des doses aussi fortes et aussi long-temps continuées de ces substances. Il donne l'état de la quantité qu'il a employée, et l'aperçu de la dépense.

» A la suite du mémoire est la copie du rapport fait par l'administration du dépôt du 23e. régiment de dragons à S. E. le Ministre Directeur de l'administration de la guerre, qui constate l'état et le nombre des chevaux confiés aux soins de M. *Collaine*, et rapporte en abrégé ce qui est contenu dans le mémoire. Elle observe que M. *Collaine*, qui demeure à Milan, ne pouvant venir que tous les huit jours, le traitement qu'il prescrivoit étoit suivi par M. *Fardet*, aide-vétérinaire du corps.

» Enfin, on lit un rapport de M. *Tabarre*, vétérinaire du royal régiment d'artillerie à cheval, italien, qui rend compte à M. *Collaine* du traitement de deux chevaux suspectés de morve, et de leur guérison opérée par les moyens précédens.

» Le mémoire de M. *Collaine* est bien fait; il y a de la méthode et de la clarté; les objets qu'il contient sont d'un grand intérêt; les maladies qu'il a guéries sont celles qui, jusqu'ici, ont résisté aux efforts de l'art. On doit voir avec satisfaction qu'un professeur d'une École vétérinaire, élève de celle d'Alfort, se distingue d'une manière si remarquable. Ce qu'il a fait mérite la plus grande attention, parce qu'il offre, sinon des moyens curatifs jusqu'ici inconnus, au moins des moyens tellement modifiés ou perfectionnés qu'on peut les regarder comme nouveaux.

» Par ces considérations, nous estimons que ce mémoire mérite d'être imprimé aux frais de la Société, pour être envoyé aux artistes vétérinaires avec lesquels elle est en correspondance et aux Sociétés d'Agriculture ; nous pensons aussi qu'il convient d'en adresser un certain nombre d'exemplaires à LL. EE. les Ministres de l'Intérieur et de la Guerre, en les invitant à appeler respectivement sur son contenu l'attention de MM. les préfets des départemens et des vétérinaires des divers corps de cavalerie ; enfin il nous paroît juste que la Société donne à M. *Collaine* un témoignage honorable de satisfaction, en proclamant son travail avec tout l'intérêt qu'il paroît mériter dans sa prochaine séance publique. »

Signé DESPLAS, HUZARD ; TESSIER, *rapporteur.*

La Société adopte le rapport ci-dessus et ses conclusions.

Signé le Comte DEPÈRE, *président ;*

SILVESTRE, *secrétaire.*

[illegible]